U0265893

2015 年
淮河流域旱情年报

淮河水利委员会水文局（信息中心） 著

黄河水利出版社

·郑 州·

内 容 提 要

本书根据 2015 年淮河流域水文气象资料，全面分析总结了流域雨情、水情、江河来水量、湖库蓄水、土壤墒情、地下水埋深和调水情况等内容，成果可为流域防汛抗旱、水资源管理和规划设计提供基础信息支撑。

本书内容全面，数据翔实准确，适合于防汛抗旱、水资源管理、水文气象等领域的技术人员和政府决策人员阅读和参考。

图书在版编目（CIP）数据

2015 年淮河流域旱情年报 / 淮河水利委员会水文局（信息中心）著 .—郑州：黄河水利出版社，2016. 12

ISBN 978 - 7 - 5509 - 1660 - 9

Ⅰ.①2…　　Ⅱ.①淮…　　Ⅲ.①淮河流域－干旱－2015－年报　Ⅳ.①P426.616-54

中国版本图书馆 CIP 数据核字（2016）第 319414 号

组稿编辑:王路平　　电话:0371－66022212　　E－mail:hhslwlp@126.com

出　版　社:黄河水利出版社　　　　　　　　　　网址:www.yrcp.com

　　　　地址:河南省郑州市顺河路黄委会综合楼14层　　邮政编码:450003

发行单位:黄河水利出版社

　　　　发行部电话:0371-66026940、66020550、66028024、6602262（传真）

　　　　E-mail:hhslcbs@126.com

承印单位:山东水文印务有限公司

开本:880 mm ×1 230 mm　　1/16

印张:2.25

字数:30 千字　　　　　　　　　　　印数:1—1 000

版次:2016 年 12 月第 1 版　　　　　　印次:2016 年 12 月第 1 次印刷

定价:15.00 元

《2015 年淮河流域旱情年报》

编写委员会

主　编：徐时进

副主编：程兴无　王　凯

编　写：苏　翠　陈红雨　梁树献

　　　　冯志刚　杜久芳　胡友兵

　　　　丁韶辉

Contents
目　录

1 概　述

　　全年降水总体略偏少。2015 年淮河流域降水量为 870.3mm，较历年同期（895mm）偏少 3%。汛前（1 ~ 5 月）和汛后 (10 ~ 12 月) 分别比常年偏多 1% 和 31%，汛期（6 ~ 9 月）偏少 10%。各月降水中，1~3 月降水持续偏少，4~6 月持续偏多，7~10 月持续偏少，11 月偏多，12 月偏少。其中，6 月降水量 209.1mm 为全年最大，较历史同期偏多近八成，11 月降水量 98.8mm，为历史同期的近 3 倍；1 月、7 月和 9 ~ 10 月及 12 月共 5 个月降水量偏少均达 40% 以上，其中 7 月偏少程度最重，降水量仅为历史同期的五成。

　　干支流河道水位普遍偏低，河道年来水量偏少。淮河干流息县站低于历史最低水位、老沭河人民胜利堰闸（上）年最低水位与历史最低水位持平。淮河干流主要控制站来水量较历年同期偏少 4% ~ 29%，汛前及汛期，干流润河集以上及沂沭河来水量均偏少。6 月底淮河出现持续强降雨，致使淮河上中游干流王家坝至正阳关河段发生超警洪水。

　　流域大型水库及湖泊蓄水量总体偏多，沂沭泗水系偏少。汛期沂沭泗湖库大多低于汛限水位，出库水量少，汛末大型水库及主要湖泊水位均未达正常蓄水位。截至 12 月底，淮河流域大型水库及湖泊共蓄水 109.76 亿 m³，较历年同期偏多 16%，其中淮河水系偏多 36%，沂沭泗水系偏少 22%。

流域全年旱情较轻，未出现重旱等明显旱情。从土壤墒情变化情况分析，年初淮河流域大部分区域土壤墒情为正常，汛初沙颍河上游、沂沭泗水系为轻旱~中旱，7 月旱情解除，汛末较汛初干旱范围减小。年末，土壤墒情转为正常~过湿，全流域无旱情。

地下水位年初与年末总体变化不大，汛期起伏较大。从地下水埋深变化情况分析，淮北地区和苏北地区地下水平均埋深变化过程相似，出现多次小幅波动，汛期有较大波动。总体来看，地下水位汛初与年初、汛末与汛初、年末及汛初相差均不大。

4~6 月，开展了南水北调东线调水工作，台儿庄泵站、二级坝泵站和长沟泵站累计抽水量分别为 3.27 亿 m^3、2.73 亿 m^3 和 2.21 亿 m^3。

2 雨 情

2.1 年降水

2015 年淮河流域降水量为 870.3mm（见图 1），较历年同期偏少 3%。其中，淮河水系降水量为 936.1mm，与历年同期持平；沂沭泗水系降水量 708.8mm，较历年同期偏少 11%（见表 1）。

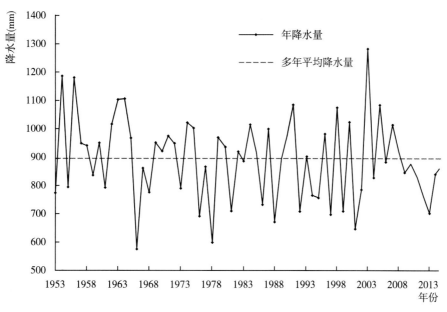

图 1　淮河流域 1953 ～ 2015 年降水量变化过程

表 1　2015 年淮河流域降水量与多年均值比较

（单位：mm）

范围	项目	1月	2月	3月	4月	5月	6月	7月	8月	9月	10月	11月	12月	（汛前）1~5月	（汛期）6~9月	（汛后）10~12月	（全年）1~12月
淮河流域	2015 年	11.4	22.1	43.1	71.9	79.7	209.1	109.9	140.8	49.8	26.2	98.8	7.5	228.2	509.6	132.5	870.3
	多年均值	20	28	45	58	75	118	214	153	83	47	35	19	226	568	101	895
	距平（%）	-43	-21	-4	24	6	77	-49	-8	-40	-44	182	-61	1	-10	31	-3
	占全年降水量（%）	1	3	5	8	9	24	13	16	6	3	11	1	26	59	15	100
淮河水系	2015 年	13.4	23.9	51.8	75.2	92.8	239.3	111.2	146.2	52.5	29.2	92.5	8.1	257.1	549.2	129.8	936.1
	多年均值	24	32	53	65	83	125	211	148	86	51	38	21	257	570	110	937
	距平（%）	-44	-25	-2	16	12	91	-47	-1	-39	-43	143	-61	0	-4	18	0
	占全年降水量（%）	1	2	5	8	10	26	12	16	6	3	10	1	26	60	14	100
沂沭泗水系	2015 年	6.4	17.7	21.7	63.9	47.5	135.1	106.7	127.4	43.2	18.8	114.2	6.2	157.2	412.4	139.2	708.8
	多年均值	12	17	26	42	56	101	222	166	77	36	25	14	153	566	75	794
	距平（%）	-47	4	-17	52	-15	34	-52	-23	-44	-48	357	-56	3	-27	86	-11
	占全年降水量（%）	1	2	3	9	7	19	15	18	6	3	16	1	22	58	20	100

淮河流域全年降水时程上分布不均，主要集中在汛期。主要降水过程有 12 次（见图 2），分别为 3 月 16 ~ 20 日、3 月 31 日至 4 月 6 日、4 月 18 ~ 19 日、5 月 1 ~ 2 日、6 月 15 ~ 17 日、6 月 23 ~ 30 日、7 月 14 ~ 19 日、8 月 3 ~ 10 日、8 月 18 ~ 19 日、9 月 3 ~ 4 日、11 月 5 ~ 7 日、11 月 21 ~ 25 日。最长连续无有效降水日数（日平均面雨量 <3mm) 为 37 天（11 月 25 日至 12 月 31 日）。

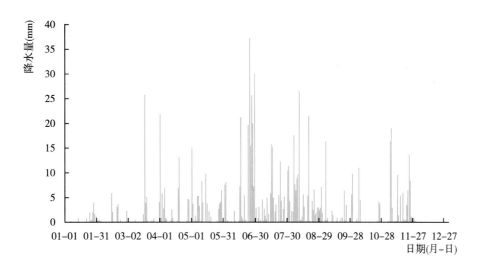

图 2　2015 年淮河流域逐日降水量

流域降水量空间上呈现"南多北少，由北向南递增"的分布格局，以淮河为界，淮河以北降水量小于 1000mm，以南大于 1000mm。其中，流域北部边界沿线降水量不足 600mm，淮北平原及沂沭泗大部为 600 ~ 800mm，淮北支流下游为 800 ~ 1000mm；史灌河及淠河、里下河大部降水量超过 1200mm，其中史灌河及淠河上游大别山区和里下河东部超过 1500mm，里下河地区川东港降水量为 1882mm，为最大降水量点（见图 3）。

与历年同期相比，淮河以北大部偏少，淮河以南除王家坝以上外均偏多。其中，流域西部沿线（沙颍河上游、洪汝河上游及息县以上淮南支流）、沂沭河上中游和安峰山水库周边降水量偏少 20% 以上，局部偏少 30% 以上。淮河以南大部及里下河均偏多 10% 以上，其中淠河中游局部、里下河东部偏多 30% 以上，局地偏多 50% 以上。里下河川东港偏多 75%，为偏多最大点；安峰山水库偏少 73%，为偏少最大点（见图 4）。

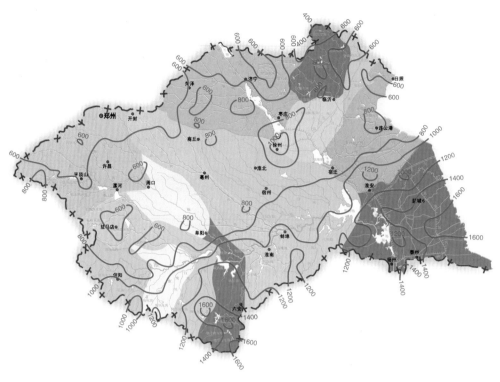

图 3　2015 年淮河流域降水量等值线图

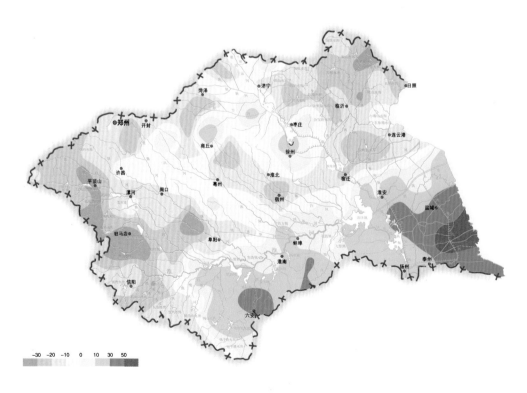

图 4　2015 年淮河流域降水量距平图

2.2 汛前降水

2015 年汛前（1 ~ 5 月）淮河流域降水量为 228.2mm，较历年同期偏多 1%。其中，淮河水系降水量 257.1mm，与历年同期持平；沂沭泗水系降水量 157.2mm，较历年同期偏多 3%。

地区分布上，洪汝河大部、沙颍河上游、涡河上游及沂沭泗水系大部降水量不足 200mm，其余地区超过 200mm。其中，鲁台子以上淮河以南大部、入江水道南部—里下河南部降水量超过 300mm，史灌河上游及淠河大部在 400mm 以上，大别山区超过 500mm，佛子岭水库 643mm，为最大降水量点（见图 5）。

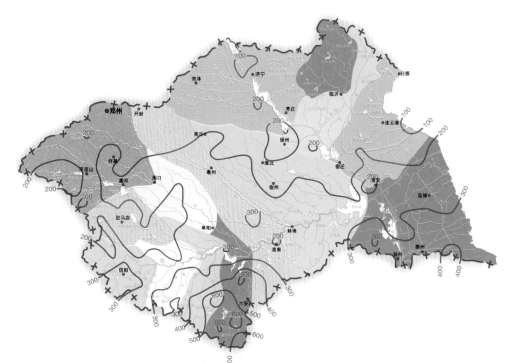

图 5　2015 年汛前（1 ~ 5 月）淮河流域降水量等值线图

与历年同期相比，沙颍河及涡河中游、史灌河上游、淠河大部、里下河南部及南四湖大部偏多，其余地区偏少。其中，南四湖上级湖大部、沙颍河及涡河中游局地、里下河南部局地偏多 30% 以上，上级湖局部偏多 50% 以上。洪汝河大部、息县以上、淮河以南大部及新沂河东部偏少 30% 以上，其中洪汝河上游偏少达到 50% 以上。东风站偏多 89%，为偏多最大点；洪河上游确山站偏少 86%，为偏少最大点（见图 6）。

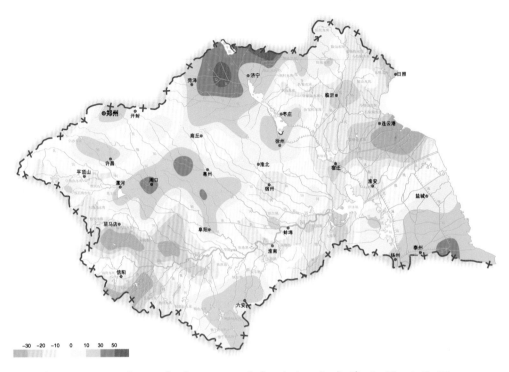

图 6　2015 年汛前（1 ～ 5 月）淮河流域降水量距平图

2.3　汛期降水

2015 年汛期（6 ～ 9 月）淮河流域降水量为 509.6mm，较历年同期偏少 10%。其中，淮河水系和沂沭泗水系降水量分别为 549.2mm 和 412.4mm，较历年同期分别偏少 4% 和 27%。

在地区分布上，淮河以北不足 600mm，以南超过 600mm。其中，淮北平原大部及南四湖上级湖降水量不足 400mm，洪汝河大部、淮河以北支流下游、南四湖下级湖、沂沭河及新沂河、新沭河降水量 400 ～ 600mm，史灌河中下游及里下河大部超过 800mm，里下河东部超过 1000mm，里下河地区川东港降水量 1317mm，为最大降水量点（见图 7）。

与历年同期相比，淮河以北大部偏少 10% 以上，淮河以南除桐柏山区及大别山外偏多 10% 以上。其中，洪汝河上游、沙颍河局部、南四湖东部—沂沭河上游、新沭河—新沂河偏多 30% 以上。里下河地区川东港偏多 96%，为偏多最大点；安峰山偏少 80%，为偏少最大点（见图 8）。

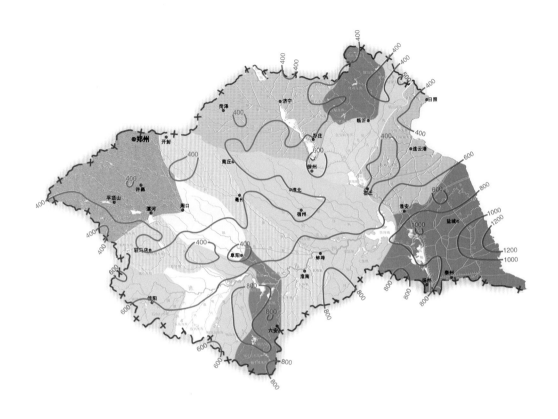

图 7　2015 年汛期（6～9 月）淮河流域降水量等值线图

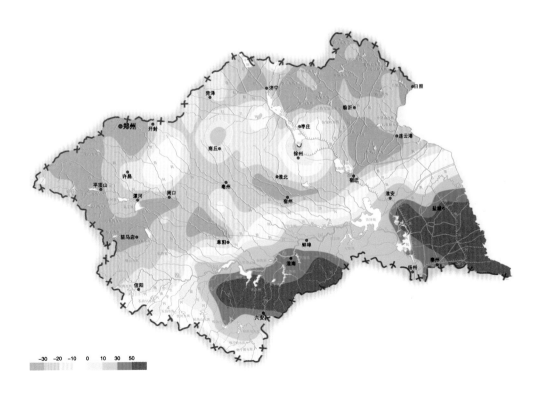

图 8　2015 年汛期（6～9 月）淮河流域降水量距平图

2.4 汛后降水

2015 年汛后（10 ～ 12 月）淮河流域降水量为 132.5mm，较历年同期偏多 31%。其中，淮河水系和沂沭泗水系降水量分别为 129.8mm 和 139.2mm，较历年同期分别偏多 18% 和 86%。

降水空间分布不均，洪汝河、史灌河及淠河中游局部不超过 50mm，王家坝以上、沙颍河及涡河上游不足 100mm，除大别山区及里下河东部外，流域其余大部均不超 200mm（图 9）。

与历年同期相比，以沙颍河为界，沙颍河以西、以南大部偏少 10% 以上（大别山局部偏多），以东、以北大部偏多 10% 以上。其中，王家坝以上大部、史灌河及淠河中游偏少 30% 以上，局部偏少 50% 以上；沂沭泗大部及里下河地区偏多 50% 以上，局部偏多 100% 以上。史灌河中下游固始站偏少 87%，为偏少最大点；苏北灌溉总渠六垛南站偏多 188%，为偏多最大点（见图 10）。

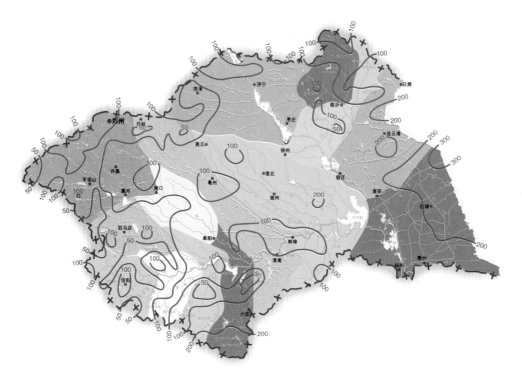

图 9　2015 年汛后（10 ～ 12 月）淮河流域降水量等值线图

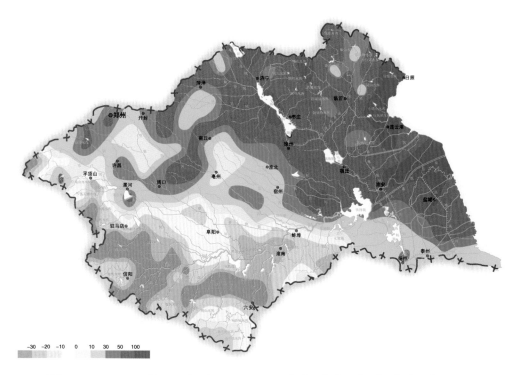

-30 -20 -10 0 10 30 50 100

图 10　2015 年汛后（10 ～ 12 月）淮河流域降水量距平图

2.5　降水特点

2015 年淮河流域降水特点有：

（1）**年降水量总体略偏少**。2015 年淮河流域降水量为 870.3mm，较历年同期（895mm）偏少 3%；淮河水系降水量为 936.1mm，与历年同期（937mm）持平，沂沭泗水系降水量 708.8mm，较历年同期（794mm）偏少 11%。

（2）**降水时程分布不均，汛期偏少，非汛期偏多**。2015 年汛前（1 ～ 5月）淮河流域降水量为 228.2mm，较历年同期略偏多。其中，淮河水系降水量 257.1mm，与历年同期持平；沂沭泗水系降水量 157.2mm，较历年同期（153mm）偏多 3%。汛期（6 ～ 9 月）淮河流域降水量为 509.6mm，较历年同期偏少 10%。其中，淮河水系和沂沭泗水系降水量分别为 549.2mm 和412.4mm，较历年同期分别偏少 4% 和 27%。汛后（10~12 月）淮河流域降水量为 132.5mm，较历年同期偏多 31%。其中，淮河水系和沂沭泗水系降水量分别为 129.8mm 和 139.2mm，较历年同期分别偏多 18% 和 86%。

（3）**降水持续丰或枯、丰枯交替出现。**与历年同期相比，1–3 月降水持续偏少，4~6 月持续偏多，7~10 月持续偏少，11 月偏多、12 月偏少。其中，6 月和 11 月降水量分别偏多 77％和 182％，尤其是 11 月，淮河流域降水量为历史同期的近 3 倍；1 月、7 月和 9~10 月及 12 月共 5 个月降水量偏少均达到 40％以上，其中 7 月偏少程度最重，淮河流域降水量仅为历史同期的五成（见表 1 和图 11）。

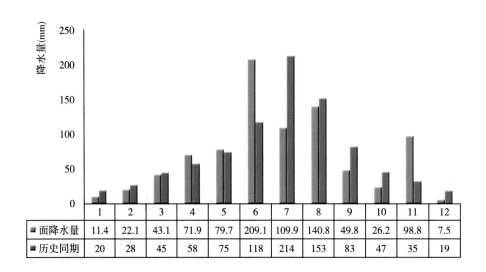

	1	2	3	4	5	6	7	8	9	10	11	12
■面降水量	11.4	22.1	43.1	71.9	79.7	209.1	109.9	140.8	49.8	26.2	98.8	7.5
■历史同期	20	28	45	58	75	118	214	153	83	47	35	19

图 11　2015 年淮河流域各月降水量与历史同期比较图

3 水　情

3.1　河道水情

2015 年，淮河干支流河道水位普遍偏低，其中淮河息县较历史最低水位偏低 0.80m（受河道下切影响），老沭河人民胜利堰闸（上）与历史同期最低水位持平（见表 2）。

干支流河道月平均水位较历史同期偏低，淮河干支流河道流量较历史同期普遍偏小，沙颍河阜阳闸、淠河横排头、涡河蒙城闸及沂河临沂站最小流量均为 0（见表 3）。

其中，2015 年 6 月 23~30 日，淮河出现持续强降雨，致使淮河上中游干流王家坝至正阳关河段发生超警洪水，是 2010 年以来首次超警，为淮河 2015 年第 1 号洪水。淮河上游支流白鹭河北庙集站，中游支流史灌河蒋家集站及江苏里下河地区南官河兴化站、串场河盐城站、西塘河建湖站、射阳湖射阳镇站、射阳河阜宁站水位先后超警。

表 2　2015 年淮河流域主要控制站最低水位与历史最低水位对比

河名	站名	本年最低		历史最低	
		水位（m）	出现时间（月-日）	水位（m）	出现时间（年-月-日）
淮河	息县	30.16	10-13	30.96	2014-12-29
	王家坝	21.01	12-16	17.58	2012-07-01
	润河集	20.42	06-27	15.27	2001-07-27
	正阳关	17.42	06-16	15.08	1978-11-08
	蚌埠（吴家渡）	12.20	10-26	10.33	1966-11-06
	蒋坝	12.20	10-07	8.87	1951-02-20
洪汝河	班台	22.55	06-24	22.38	2012-01-06
沙颍河	阜阳闸（上）	27.69	08-11	21.1	1966-06-27
涡河	蒙城闸（上）	24.35	11-03	18.29	1960-03-22
潢河	潢川	33.36	01-24		
史灌河	蒋家集	25.29	01-19	25.21	2014-03-30
淠河	横排头	50.60	09-24	46.74	1967-01-16
沂河	临沂	57.20	08-10	56.86	2010-05-03
老沭河	人民胜利堰闸（上）	47.46	01-08	47.46	2014-05-22
新沭河	新沭河闸（上）	46.87	05-19	河干	1954-03-16

表 3　2015 年淮河流域主要控制站年平均流量与历年平均流量对比

河名	站名	本年最小		历史最小	
		流量（m³/s）	出现时间（月-日）	流量（m³/s）	出现时间（年-月-日）
淮河	息县	15.5	10-13	0	1957-10-16
	王家坝	27.9	10-01	−90.8	2013-07-08
	润河集	22	03-11	−84.8	1953-06-28
	鲁台子	47.1	10-22	−43.8	1959-09-01
	蚌埠（吴家渡）	30	06-16	0	1959-08-12
洪汝河	班台	4.7	06-14	−28.9	1987-07-07
史灌河	蒋家集	4.95	01-19	0	1955-06-18
沙颍河	阜阳闸	0	01-01	0	1958-06-09
淠河	横排头	0	01-01	0	1966-03-31
涡河	蒙城闸	0	01-01	−8.9	1955-06-26
沂河	临沂	0	04-22	0	1958-06-19

3.2 湖库水情

3.2.1 湖泊

3.2.1.1 洪泽湖

汛前，洪泽湖水位基本处于正常蓄水位以上，汛期水位基本在汛限水位以上（仅9月下旬至汛末低于汛限水位）。10月7日降至年最低水位12.20m，12月3日升至正常蓄水位以上。年最高水位为4月12日的13.78m（超正常蓄水位0.78m），汛期最高水位为8月5日的13.42m（超汛限水位0.92m）。洪泽湖最大出湖流量（三河闸、二河闸、高良涧闸、高良涧电站合计）7360m³/s（7月3日15时20分），汛期总出湖水量约233.6亿 m³。

3.2.1.2 南四湖上级湖

南四湖上级湖全年水位处于最低生态水位至汛限水位之间，有两次明显波动，全年水位呈现上升-下降-上升-下降-上升的变化过程：年初，水位位于死水位附近，年初至5月中旬水位上升至33.44m（低于正常蓄水位1.06m）后快速持续下降，至6月23日8时降至全年最低水位32.85m（低于死水位0.15m）。之后水位持续快速上升，至8月9日出现年最高水位33.48m后持续下降，至10月15日降至死水位以下后继续下降，11月初水位开始上升，至年底水位升至33.28m，高于死水位0.28m。

汛期水位均处于汛限水位以下，全年低于死水位共46天（6月16~25日、10月15日至11月21日）。汛期上级湖主要出湖控制闸全关，总出湖水量为零。

3.2.1.3 南四湖下级湖

南四湖下级湖全年水位基本位于死水位以下。从汛初开始，水位持续快速下降，至6月23日8时水位降至全年最低31.03m，低于死水位0.47m，低于最低生态水位0.02m。全年低于死水位330天（1月1日至11月26日），低于最低生态水位2天（6月23~24日）。

汛期（6~9月）下级湖主要出湖控制闸全关，总出湖水量为零。

3.2.1.4 骆马湖

汛前，骆马湖仅在 4 月 20 至 5 月 12 日超正常蓄水位且在其附近波动，5 月 11 日达到汛前最高水位 23.08m（超正常蓄水位 0.08m），之后水位持续下降，至 6 月 15 日降至汛限水位以下，之后到汛期结束共 108 天，水位均处于汛限水位以下。10 月 7 日出现全年最低水位 21.54m（高于死水位 1.04m），12 月 5 日水位升至正常蓄水位以上，12 月 16 日出现年最高水位 23.19m，超正常蓄水位 0.19m。

全年仅 6 月杨河滩闸和皂河闸开启泄水，总出湖水量约 0.50 亿 m³。

3.2.2 水库

2015 年流域 38 座大型水库中，共有 14 座水库超汛限水位（淮河水系 12 座，沂沭泗水系 2 座），共有尼山水库和日照水库 2 座大型水库出现低于死水位情况。

其中，尼山水库全年水位低于死水位。年初，水位从 115.36m 持续下降，7 月 31 日降至年最低水位 114.04m，低于死水位 2.15m。年最高水位为 8 月 21 日的 115.60m，低于死水位 0.59m。

日照水库水位从年初的 34.67m（低于正常蓄水位 7.83m）持续下降，7 月 23 日起降至死水位以下，7 月 26 日出现年最低水位 28.82m，低于死水位 0.08m，7 月 29 日升至死水位以上。整个汛期水位均位于汛限水位以下，全年低于死水位共 6 天。

汛末，大型水库及湖泊均在正常蓄水位以下。

4 河道来水量

2015 年，淮河干支流来水量除淮南支流较历史同期偏多外，其余均较历史同期偏少；汛前及汛期，干流润河集以上及沂沭河均偏少；汛后，淮河干支流各主要控制站来水量均偏少（见表 4）。

其中，淮河干流主要控制站来水量较历年同期偏少 4% ～ 29%；淮北支流洪汝河、沙颍河及涡河分别偏少 58%、70%、63%；淮南支流史灌河及潢河分别偏多 38% 和 60%；沂河临沂站偏少 98%，沭河大官庄枢纽（新沭河大官庄闸和老沭河人民胜利堰闸合成，下同）偏少 91%。

汛前，淮河干流鲁台子以上主要控制站来水量较历年同期偏少 2%~28%，蚌埠（吴家渡）较历史同期偏多 12%；淮北支流沙颍河偏少 20%，洪汝河和涡河分别偏多 24% 和 47%；淮南支流史灌河偏少 10%，潢河偏多 81%；沂河临沂站偏少 95%，沭河大官庄枢纽偏少 58%。

汛期，淮河干流润河集以上偏少、鲁台子至蚌埠偏多，淮南支流偏多，淮北支流及沂沭河偏少。其中，淮河干流润河集以上偏少 9% ～ 29%，鲁台子和蚌埠站分别偏多 3% 和 7%，淮北支流洪汝河、沙颍河和涡河偏少 74% ～ 80%，淮南支流史灌河和潢河偏多 74% ～ 79%，沂河临沂站偏少

表 4　2015 年各月淮河流域主要控制站来水量统计对比表

（单位：亿 m³）

范围	项目	1月	2月	3月	4月	5月	6月	7月	8月	9月	10月	11月	12月	汛前	汛期	汛后	累计
息县	来水量	0.6	0.5	1.3	3	1.4	6.3	7.3	2.6	1	0.7	0.9	1	6.8	17.2	2.6	26.6
	多年平均	0.9	1.1	1.9	2.2	3.3	4.2	9	6.5	3.2	2.3	1.6	1	9.4	22.9	4.9	37.2
	比较（%）	-33	-55	-32	36	-58	50	-19	-60	-69	-70	-44	0	-28	-25	-47	-28
王家坝（总）	来水量	2.3	1.4	4.8	5.9	3.6	14.4	19.3	6.8	1.8	1.2	2.1	2.2	18	42.3	5.5	65.8
	多年平均	2	2.4	4.2	4.7	7	9.2	24.3	16.6	9	5.9	3.9	2.6	20.3	59.1	12.4	91.8
	比较（%）	15	-42	14	26	-49	57	-21	-59	-80	-80	-46	-15	-11	-28	-56	-28
润河集	来水量	4	3	4.3	8.2	4.7	20.7	37.5	9.8	3	2	2.2	3.9	24.2	71	8.1	103.3
	多年平均	2.8	3.6	6	6.8	10.1	11.7	31.6	21.5	13.1	7.9	5.7	3.6	29.3	77.9	17.2	124.4
	比较（%）	43	-17	-28	21	-53	77	19	-54	-77	-75	-61	8	-17	-9	-53	-17
正阳关（鲁台子）	来水量	5.5	3.9	8.2	16.7	13	39.1	72	22.5	5	2.5	4.7	6.1	47.3	138.6	13.3	199.2
	多年平均	5.3	6.3	10.1	10.9	15.7	17.4	50.7	41	25.9	15.7	10.8	7.3	48.3	135	33.8	217.1
	比较（%）	4	-38	-19	53	-17	125	42	-45	-81	-84	-56	-16	-2	3	-61	-8
蚌埠（吴家渡）	来水量	7.5	5.6	10.6	20.7	17.4	42.5	98.3	35.9	6.1	3.6	5.3	7.4	61.8	182.8	16.3	260.9
	多年平均	6.1	7.2	12	12.5	17.5	19.3	59.9	55.1	36.3	21.6	13.8	9	55.3	170.6	44.4	270.3
	比较（%）	23	-22	-12	66	-1	120	64	-35	-83	-83	-62	-18	12	7	-63	-3
班台	来水量	1.1	0.4	1	1.6	1.3	0.8	2.5	1	0.2	0.2	0.2	0.2	5.4	4.5	0.6	10.5
	多年平均	0.5	0.5	0.9	1	1.5	2.3	6.6	5.3	2.8	1.8	1.1	0.8	4.4	17	3.7	25.1
	比较（%）	120	-20	11	60	-13	-65	-62	-81	-93	-89	-82	-75	23	-74	-84	-58

续表 4　2015 年各月淮河流域主要控制站来水量统计对比表

（单位：亿 m³）

范围	项目	1月	2月	3月	4月	5月	6月	7月	8月	9月	10月	11月	12月	汛前	汛期	汛后	累计
蒋家集	来水量	0.4	0.6	0.9	1.9	1.5	9.5	7.8	3.1	0.9	0.8	0.8	0.3	5.3	21.3	1.9	28.5
	多年平均	0.6	0.7	1.2	1.5	2	2.1	5.5	2.9	1.8	1	0.9	0.6	6	12.3	2.5	20.8
	比较（%）	-33	-14	-25	27	-25	352	42	7	-50	-20	-11	-50	-12	73	-24	37
横排头	来水量	0	0.2	2.4	4.7	2	4.9	4.3	5.7	0	0	0.3	0	9.3	14.9	0.3	24.5
	多年平均	0.6	0.6	1.2	1.2	1.6	1.7	3.5	2	1.2	0.6	0.6	0.6	5.2	8.4	1.8	15.4
	比较（%）	-100	-67	100	292	25	188	23	185	-100	-100	-50	-100	79	77	-83	59
阜阳闸	来水量	0.8	0.9	0.7	1.9	2	1.9	2.7	1	0.3	0	0.8	0.7	6.3	5.9	1.5	13.7
	多年平均	1.3	1	1.5	1.8	2.3	3	10.8	10.4	5.7	4	2.5	1.9	7.9	29.9	8.4	46.2
	比较（%）	-38	-10	-53	6	-13	-37	-75	-90	-95	-100	-68	-63	-20	-80	-82	-70
蒙城闸	来水量	0.6	0.4	0.4	0.6	0.6	0.7	1.1	0.3	0	0	0	0	2.6	2.1	0	4.7
	多年平均	0.2	0.2	0.2	0.3	0.7	0.7	3.5	2.8	1.8	1	0.6	0.4	1.6	8.8	2	12.4
	比较（%）	200	100	100	100	-14	0	-69	-89	-100	-100	-100	-100	63	-76	-100	-62
临沂	来水量	0	0	0	0	0	0	0	0.3	0	0	0	0	0	0.3	0	0.3
	多年平均	0.4	0.3	0.3	0.4	0.4	1.1	6.7	6.6	2.8	1	0.6	0.5	1.8	17.2	2.1	21.1
	比较（%）	-100	-100	-100	-100	-100	-100	-100	-95	-100	-100	-100	-100	-100	-98	-100	-99
大官庄	来水量	0.1	0.1	0.1	0	0.2	0	0	0.5	0	0	0	0	0.5	0.5	0	1
	多年平均	0.2	0.2	0.2	0.2	0.3	0.6	3.4	3.1	1.6	0.6	0.4	0.3	1.1	8.7	1.3	11.1
	比较（%）	-50	-50	-50	-100	-33	-100	-100	-84	-100	-100	-100	-100	-55	-94	-100	-91

98%，沭河大官庄枢纽偏少 94%。

汛后，淮河干支流主要控制站来水量均较历史同期偏少。其中，淮河干流主要控制站来水量较历史同期偏少 45% ~ 63%；淮北支流洪汝河、沙颍河及涡河偏少 82% ~ 100%；淮南支流史灌河及淠河分别偏少 23% 和 85%；沂河临沂站和沭河大官庄枢纽偏少 98% ~ 100%。

5 湖库蓄水

　　2015 年，淮河流域大型水库及湖泊蓄水量总体呈现先降后升的变化态势（见图 12），年末与年初蓄水量相差不大。年初（1 月 1 日）蓄水量为 110.23 亿 m^3，汛前蓄水量变化不大，汛初（6 月 1 日）蓄水量为 109.05 亿 m^3，较年初略偏少。自汛初开始蓄水量持续下降，9 月 1 日出现小幅波动后，至汛末（10 月 1 日）降至全年最低 90.79 亿 m^3。汛后，蓄水量快速上升，至年末，蓄水量增至 109.76 亿 m^3，恢复至年初蓄水量水平。

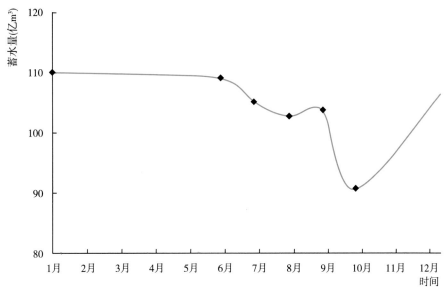

图 12　2015 年淮河流域大型水库（湖泊）蓄水量过程线

汛末（10 月 1 日 8 时），流域大型水库及主要湖泊共蓄水 90.79 亿 m^3，较历史同期偏少 7%。其中，淮河水系偏多 18%；沂沭泗水系偏少 50%，为 2002 年以来最小汛末蓄水量。与历史同期相比，大型水库蓄水偏多 14%，洪泽湖、骆马湖、上级湖和下级湖分别偏少 4%、30%、74% 和 63%。流域 5 省中，湖北、河南、安徽三省大型水库（湖泊）蓄水分别偏多 25%、14%、50%，江苏、山东两省分别偏少 13% 和 56%。

与汛初相比，淮河流域内大型水库及湖泊蓄水减少 17%，其中淮河水系减少 16%，沂沭泗水系减少 21%。洪泽湖、骆马湖、上级湖及下级湖分别减少 36%、35%、32%、17%。流域 5 省中，湖北、河南及山东分别偏多 14%、4% 和 3%，安徽和江苏偏少 7% 和 38%。

年末（2016 年 1 月 1 日 8 时），流域大型水库及湖泊共蓄水 109.76 亿 m^3，较历年同期偏多 16%，其中，淮河水系偏多 36%，沂沭泗水系偏少 22%。与历年同期相比，大型水库偏多 23%，洪泽湖和骆马湖分别偏多 37% 和 24%，而上级湖和下级湖分别偏少 58% 和 38%。流域 5 省中，除山东省偏少外，其余四省均偏多。其中，湖北、河南、安徽及江苏分别偏多 33%、15%、61% 及 32%，山东省偏少 40%。

与年初相比，淮河流域内大型水库及湖泊蓄水与年初持平，其中淮河水系较年初偏少 5%，沂沭泗水系偏多 18%。四大湖中仅洪泽湖偏少 15%，骆马湖、上级湖及下级湖分别偏多 35%、36% 及 13%。流域 5 省中，河南与年初持平，湖北、安徽及山东分别偏多 38%、2% 和 26%，江苏偏少 9%（见表 5）。

表 5　2015 年部分月份淮河流域主要控制站来水量统计对比

（单位：亿 m³）

类别		各月							汛初较年初蓄水增量(%)	汛期蓄水增量(%)	全年蓄水增量(%)
		2015年1月	6月	7月	8月	9月	10月	2016年1月			
大型水库及湖泊	本月1日蓄水量	110.23	109.05	105.14	102.78	103.78	90.79	109.76	−1	−17	0
	历年同期蓄水量	94.65	78.73	62.36	89.68	95.41	97.55	94.65			
	比历年同期偏多(少)(%)	16	39	69	15	9	−7	16			
水系 淮河水系	本月1日蓄水量	87.92	86.12	86.22	84.92	83.43	72.74	83.52	−2	−16	−5
	历年同期蓄水量	61.21	55.83	46.55	60.51	61.43	61.78	61.21			
	比历年同期偏多(少)(%)	44	54	85	40	36	18	36			
沂沭泗水系	本月1日蓄水量	22.31	22.93	18.92	17.86	20.35	18.06	26.25	3	−21	18
	历年同期蓄水量	33.44	22.89	15.81	29.17	33.99	35.77	33.44			
	比历年同期偏多(少)(%)	−33	0	20	−39	−40	−50	−22			
水库、湖泊 大型水库	本月1日蓄水量	60.96	60.44	63.17	60.31	60.95	59.06	62.02	−1	−2	2
	历年同期蓄水量	50.46	45.21	41.05	48.79	50.92	51.85	50.46			
	比历年同期偏多(少)(%)	21	34	54	24	20	14	23			
洪泽湖	本月1日蓄水量	36.62	34.11	30.00	30.82	30.65	21.70	31.31	−7	−36	−15
	历年同期蓄水量	22.87	19.06	11.86	22.90	23.18	22.59	22.87			
	比历年同期偏多(少)(%)	60	79	153	35	32	−4	37			

续表 5　2015 年部分月份淮河流域主要控制站来水量统计对比

（单位：亿 m³）

类别		2015年1月	各月						汛初较年初蓄水增量(%)	汛期蓄水增量(%)	全年蓄水增量(%)
			6月	7月	8月	9月	10月	2016年1月			
水库、湖泊	骆马湖 — 本月1日蓄水量	7.03	8.22	6.39	5.29	6.12	5.32	9.52	17	-35	35
	骆马湖 — 历年同期蓄水量	7.69	5.79	3.09	5.80	5.72	7.56	7.69			
	骆马湖 — 比历年同期偏多(少)(%)	-9	42	107	-9	7	-30	24			
	南四湖(上) — 本月1日蓄水量	2.36	3.34	2.58	3.55	3.34	2.28	3.21	42	-32	36
	南四湖(上) — 历年同期蓄水量	7.68	4.70	3.50	7.34	9.20	8.92	7.68			
	南四湖(上) — 比历年同期偏多(少)(%)	-69	-29	-26	-52	-64	-74	-58			
	南四湖(下) — 本月1日蓄水量	3.27	2.94	3.00	2.81	2.72	2.43	3.70	-10	-17	13
	南四湖(下) — 历年同期蓄水量	5.95	3.96	2.86	4.86	6.41	6.63	5.95			
	南四湖(下) — 比历年同期偏多(少)(%)	-45	-26	5	-42	-58	-63	-38			
省份	湖北 — 本月1日蓄水量	0.56	0.68	0.82	0.86	0.84	0.77	0.77	21	13	38
	湖北 — 历年同期蓄水量	0.58	0.51	0.51	0.58	0.62	0.62	0.58			
	湖北 — 比历年同期偏多(少)(%)	-3	33	61	48	35	24	33			
	河南 — 本月1日蓄水量	23.09	22.77	26.50	25.26	24.12	23.70	23.09	-1	4	0
	河南 — 历年同期蓄水量	20.14	17.69	16.97	18.72	20.40	20.85	20.14			
	河南 — 比历年同期偏多(少)(%)	15	29	56	35	18	14	15			
	安徽 — 本月1日蓄水量	27.66	28.56	28.90	27.99	27.83	26.56	28.34	3	-7	2
	安徽 — 历年同期蓄水量	17.62	18.57	17.21	18.31	17.23	17.72	17.62			
	安徽 — 比历年同期偏多(少)(%)	57	54	68	53	62	50	61			
	江苏 — 本月1日蓄水量	47.8	46.04	38.99	37.95	38.42	28.46	43.54	-4	-38	-9
	江苏 — 历年同期蓄水量	32.96	26.97	16.13	31.11	31.29	32.55	32.96			
	江苏 — 比历年同期偏多(少)(%)	45	71	142	22	23	-13	32			
	山东 — 本月1日蓄水量	11.13	11.00	9.93	10.72	12.59	11.30	14.02	-1	3	26
	山东 — 历年同期蓄水量	23.35	14.99	11.54	20.96	25.87	25.81	23.35			
	山东 — 比历年同期偏多(少)(%)	-52	-27	-14	-49	-51	-56	-40			

6　入海、入江水量

　　根据 2015 年实时报汛资料统计，2015 年淮河流域入海水量（里下河四大港闸、灌溉总渠、入海水道、废黄河、新沂河、新沭河、青口河、付疃河）约 200.4 亿 m³，比多年平均入海水量（220.2 亿 m³）偏少 9%。其中，里下河四大港闸（射阳港、黄沙港、新洋港、斗龙港）169.1 亿 m³，灌溉总渠（六垛南闸）7.5 亿 m³，新沂河（沭阳）16.1 亿 m³、新沭河（石梁河水库）6.8 亿 m³、青口河（小塔山水库）0.1 亿 m³ 和付疃河（日照水库）0.8 亿 m³（入海水道海口南闸和海口北闸以及废黄河滨海闸没有过水）。里下河四大港闸入海水量占到了总入海水量的 84%。

　　2015 年全年入江水量 182.6 亿 m³，比多年平均（1962~2010 年）入江水量（178.3 亿 m³）略偏多，其中万福闸泄水量为 166.6 亿 m³，占到了总入江水量的 90% 以上。

7 土壤墒情

　　2015年初淮河流域大部分区域土壤墒情为正常，汛初沙颍河上游、沂沭泗水系为轻旱～中旱，7月旱情解除，汛末较汛初干旱范围减小。年末，土壤墒情转为正常～过湿，全流域无旱情。总体来看，流域全年未出现重旱等明显旱情，从发生范围、持续时间、旱情影响程度和干旱灾害次数而言，流域旱情总体较轻。

　　年初（1月1日），由于2014年冬季降水较历年同期偏多，加上冬季气温低、蒸发量小，流域土壤墒情为正常～过湿，其中沂沭泗东部、淮河中游及以南大部过湿，全流域无明显旱情（见图13）。

　　汛初（6月1日），流域中南部土壤墒情正常，沿淮淮南局部地区过湿，沙颍河上游、沂沭泗水系为轻旱～中旱（见图14），北部局部旱区有所扩大，此时旱情为全年最重。

　　6月，流域出现3次主要降雨过程，尤其是6月23～30日，全流域除沂沭泗北部外降水量均超过100mm，流域旱情得到有效缓解。7月初，除沂沭泗北部局地轻旱外，流域大部为过湿状态（见图15）。

　　汛末（10月1日），仅沙颍河上游、淮河上游局部、南四湖水系及沂沭河上游出现轻旱～中旱，流域其他地区为正常～过湿，其中沿淮淮南及里下河地区过湿（见图16）。

11月，流域平均降水较历年同期偏多近1倍，尤其是沂沭泗水系，较历年同期偏多3.5倍。12月初，流域大部分为过湿状态（见图17）。

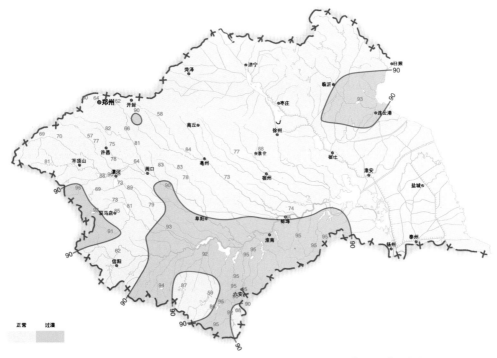

图13　淮河流域2015年1月1日10~20cm平均土壤墒情（相对含水量）

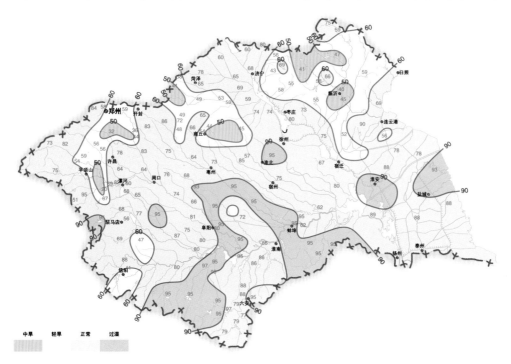

图14　淮河流域2015年6月1日10~20cm平均土壤墒情（相对含水量）

年末（2016 年 1 月 1 日），全流域土壤墒情基本为正常～过湿，其中淮干中游、淮河下游、南四湖下游局部区域土壤墒情过湿（见图 18）。

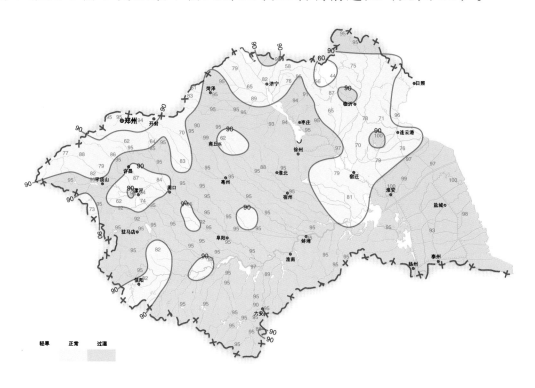

图 15　淮河流域 2015 年 7 月 1 日 10~20cm 平均土壤墒情（相对含水量）

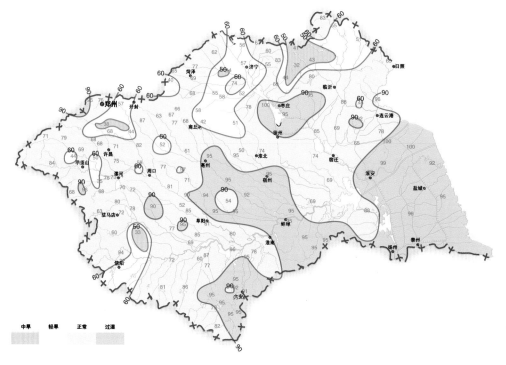

图 16　淮河流域 2015 年 10 月 1 日 10~20cm 平均土壤墒情（相对含水量）

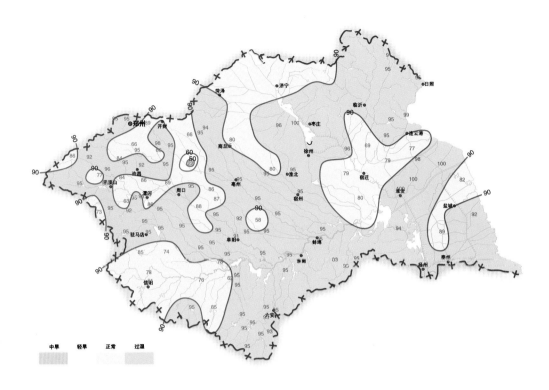

图 17　淮河流域 2015 年 12 月 1 日 10~20cm 平均土壤墒情（相对含水量）

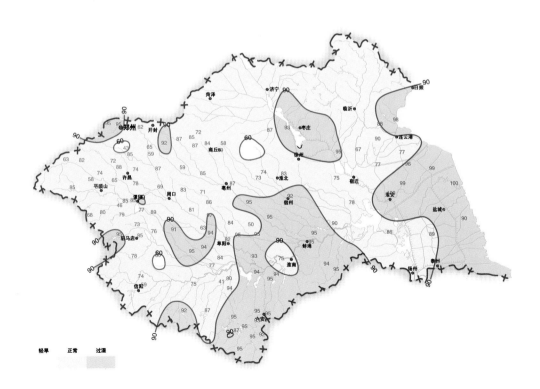

图 18　淮河流域 2016 年 1 月 1 日 10~20cm 平均土壤墒情（相对含水量）

8 地下水埋深

以淮北地区 15 站和苏北地区 24 站作为典型区，分析地下水埋深变化情况。

2015 年，淮北地区地下水埋深有 3 次明显的起伏，其中汛期波动较大，总体来看，地下水位汛初与年初、汛末与汛初、年末及汛初相差均不大（见图 19）。

年初（1 月 1 日）地下水平均埋深 2.56m，1 ~ 3 月，流域有效降水日数（日

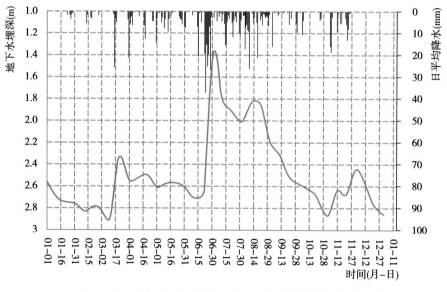

图 19　淮北地区地下水平均埋深变化过程

注：淮北地区平均地下水埋深依据插花闸、阚町闸等 15 站实测地下水埋深数据算术平均计算。

平均面雨量 ≥ 3mm) 仅 4 天，地下水位持续下降，3 月 11 日水位降至年最低，达到年最大埋深 2.90m。受 3 ～ 5 月 5 次降水影响，地下水位出现 3 次波动，至汛初，地下水埋深 2.61m，较年初相差不大。受 6 月底至 7 月初洪水影响，地下水位快速升高，7 月 1 日出现年最小埋深 1.38m。由于 7 月份土壤蒸发量大，之后地下水位呈下降的变化趋势，至汛后，地下水埋深 2.58m，较汛初变化不大。年末，地下水埋深 2.86m，较年初增大 0.30m。

2015 年，苏北地区地下水平均埋深变化过程总体与淮北地区较相似。全年地下水位波动次数较多，有 3 次较大的波动，对应着 3 次较大降水过程。年末与年初埋深相差不大（见图 20）。

年初（2015 年 1 月 1 日），地下水平均埋深 1.97m，1 ～ 6 月地下水有小的波动，整体变化不大。汛初，地下水埋深 1.92m，与年初持平略减小。受 6 月底至 7 月初淮河 1 号洪水的影响，地下水位快速上升，7 月 1 日出现年最小埋深 1.10m。之后受到台风"苏迪罗"带来的降水影响，地下水位于 8 月初再次上升，汛末，地下水埋深 1.68m，较汛初减小了 0.24m。11 月份，流域整体降水多，较历年同期偏多近 1 倍，在较大降水过程影响下，地下水埋深出现第三次较大波动。年末，地下水埋深 1.92m，与年初相差不大。

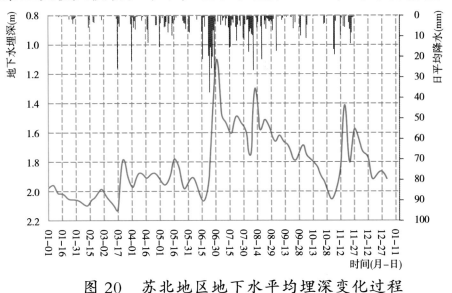

图 20　苏北地区地下水平均埋深变化过程

注：苏北地区平均地下水埋深依据汉王、陈圩等 24 站实测地下水埋深数据算术平均计算。

9 调水情况

　　根据2015年实时报汛资料统计，4月21～22日，南水北调东线台儿庄泵站、二级坝泵站、长沟泵站先后开机翻水。6月13日台儿庄泵站关机，二级坝泵站、长沟泵站6月14日关机，本次调水过程共历时55天。台儿庄、二级坝和长沟泵站累计抽水量分别为3.27亿 m³、2.73亿 m³和2.21亿 m³，其中长沟泵站抽水量为调出沂沭泗流域的水量。

　　此次调水过程，使得上级湖水位在原有基础上升高了0.13m，下级湖水位在原有基础上升高了0.19m；南四湖蓄水量增加1.06亿 m³，其中上级湖增加0.54亿 m³，下级湖增加0.52亿 m³。